BEI GRIN MACHT SICH IHR WISSEN BEZAHLT

AF151554

- Wir veröffentlichen Ihre Hausarbeit,
  Bachelor- und Masterarbeit

- Ihr eigenes eBook und Buch -
  weltweit in allen wichtigen Shops

- Verdienen Sie an jedem Verkauf

Jetzt bei www.GRIN.com hochladen
und kostenlos publizieren

Thomas F. Beck

Global City Frankfurt am Main

Was macht Frankfurt a.M. und die Rhein-Main-Region als internationalen Dienstleistungsstandort attraktiv und wie sieht dessen Zukunft aus?

GRIN Verlag

Bibliografische Information der Deutschen Nationalbibliothek:

Die Deutsche Bibliothek verzeichnet diese Publikation in der Deutschen National-bibliografie; detaillierte bibliografische Daten sind im Internet über http://dnb.d-nb.de/ abrufbar.

Impressum:

Copyright © 2013 GRIN Verlag GmbH
Druck und Bindung: Books on Demand GmbH, Norderstedt Germany
ISBN: 978-3-656-53200-2

Dieses Buch bei GRIN:

http://www.grin.com/de/e-book/263918/global-city-frankfurt-am-main

GRIN - Your knowledge has value

Der GRIN Verlag publiziert seit 1998 wissenschaftliche Arbeiten von Studenten, Hochschullehrern und anderen Akademikern als eBook und gedrucktes Buch. Die Verlagswebsite www.grin.com ist die ideale Plattform zur Veröffentlichung von Hausarbeiten, Abschlussarbeiten, wissenschaftlichen Aufsätzen, Dissertationen und Fachbüchern.

Besuchen Sie uns im Internet:

http://www.grin.com/

http://www.facebook.com/grincom

http://www.twitter.com/grin_com

Global City Frankfurt am Main

Was macht Frankfurt a.M. und die Rhein-Main-Region als internationalen Dienstleistungsstandort attraktiv und wie sieht dessen Zukunft aus?

Thomas Beck, 04.10.2013

Inhaltsverzeichnis

Einleitung

„Frankfurt ist die Kernstadt der Rhein-Main Region, in der 5,52 Millionen Menschen leben. 365.000 Unternehmen erwirtschaften dort ein jährliches Bruttoinlandsprodukt von [über 200] Milliarden Euro und beschäftigen 2,88 Millionen Menschen. In diesem produktiven Umfeld mit seinem internationalen Branchenmix florieren Unternehmen aller Größen, vom großen Industriekonzern bis zum kleinen Softwareentwickler."[1]

Die Entwicklung Frankfurts zu einem internationalen Dienstleistungszentrum von weltweitem Rang ist ein Ergebnis neuester Zeit.

Geschichte und Entwicklung

Bereits im Mittelalter war Frankfurt ein wichtiger Handelsplatz. Ab dem 12. Jahrhundert nutzte man die zentrale Lage, am Kreuzpunkt bedeutender Fernhandelsstraßen mit einem wichtigen Flussübergang, zur Errichtung von Handelshäusern. Seit dem 14. Jahrhundert wurden unter dem kaiserlichen Privileg regelmäßig Messen abgehalten. Später, ab dem 17. und 18. Jahrhundert, siedelten sich bedeutende private Bankhäuser an, doch plötzlich brach der Aufschwung zum Handels- und Finanzzentrum ab, da die notwendigen Finanzierungen im Zuge der Industrialisierung durch modernere, risikobereite Aktienbanken abgewickelt wurden. Diese siedelten sich ausschließlich außerhalb Frankfurts an. Der dadurch eingeleitete Bedeutungsverlust konnte vorerst nicht gestoppt werden.

Erst nach dem dem 2. Weltkrieg setzte die Entwicklung zur heutigen Bedeutung ein. In den Jahren 1947 und 1948 wurden der bi- bzw. trizentrale Wirtschaftsrat und die Bank Deutscher Länder – Vorläufer der Bundesbank – in Frankfurt gegründet. „Dieser gewachsenen Bedeutung der Stadt trugen auch die Großbanken Rechnung, die hierher ihre Hauptsitze umsiedelten."[2]

Mit Einführung des Euros wurde schließlich Frankfurt als Sitz der Europäischen Zentralbank (EZB) ausgewählt.

These

Heute ist Frankfurt mit vielen vorteilhaften Standortfaktoren ein attraktiver Standort für internationale Dienstleistungsunternehmen. Diese Stellung kann Frankfurt auch in Zukunft halten.

Im Folgenden werde ich diese These verifizieren. Im Mittelpunkt dieser Arbeit stehen dabei unternehmensorientierte Dienstleister in Frankfurt.

---

1 Frankfurt.de Wirtschaft <http://www.frankfurt.de/sixcms/detail.php?id=4615> zuletzt besucht am 04.10.2013.
2 978-3-623-29430-8 FUNDAMENTE Kursthemen Industrie und Dienstleistungen, Schülerbuch, Oberstufe, S. 128 - 133.

Hauptteil

Harte Standortfaktoren

„Als Wirtschaftszentrum der Region Rhein-Main bietet Frankfurt ca. [497.000] sozial-versicherungspflichtige Arbeitsstellen. Dies ist umso bemerkenswerter, da Frankfurt [nur] rund 700.000 Einwohner hat. Täglich pendeln ca. 300.000 Arbeitnehmer in die Stadt, in der über 44.000 Unternehmen ansässig sind."[3] Rund 90 % (2009) der sozialversicherungspflichtig Beschäftigten sind im Dienstleistungssektor tätig.[4]

Frankfurt ist ein besonderes Oberzentrum und bietet durch die außergewöhnlich hohe Zahl an Dienstleistungsunternehmen starke Agglomerationsvorteile.

Eine außerordentliche Rolle spielt etwa die zukunftsweisende IT- und Telekommunikations-brache. Frankfurt ist Teil des funktionalen IT-Clusters Rhein-Main-Neckar. Dieses *Informations- und Kommunikationstechnologie*-Netzwerk wird auch als „Silicon Valley Europas"[5] bezeichnet.

Viel wichtiger für Frankfurt ist jedoch eine andere Branche, denn der größte einzelne Wirtschaftsbereich ist *Erbringung von Finanz-und Versicherungsdienstleistungen. „2010 hatten [...] 215 Banken ihren Sitz in Frankfurt ([davon] 152 Auslandsbanken). [Zusätzlich kamen noch] 41 Repräsentanzen ausländischer Banken [hinzu]."[6] Darunter die vier größten deutschen Banken mit Hauptsitz in Frankfurt (Deutsche Bank, Commerzbank, KfW und DZ Bank).

„Kaum eine andere europäische Stadt außer London wird so mit dem Begriff eines Finanzplatzes identifiziert wie Frankfurt."[7]

Global City

Wenn man die imposanten Hochhäuser *Mainhattans* betrachtet wird schnell klar, dass Frankfurt mehr ist als „nur" eine große Stadt. Mehr als nur ein Oberzentrum. Frankfurt ist eine Global City und verdient deswegen die einzige Skyline Europas. „[Als Global City steht Frankfurt] im Zentrum eines neuartigen, transnationalen Städtesystem[s], [...] in [welchem] die wichtigsten Finanzmärkte, Zentralen von Banken und transnationalen Konzernen sowie unternehmensnahe Dienstleistungen wie Rechts-, Finanz- und Unternehmensberater, Werbeagenturen, Buchführungs- und Prüfungsfirmen konzentriert [sind]."[8]

Der herausragende Finanzplatz lässt Mainhattan in einer Liga mit Manhattan, Tokio, Paris

---

3 Frankfurt.de Arbeit und Beruf <http://www.frankfurt.de/sixcms/detail.php?id=5643> zuletzt aufgerufen am 04.10.2013.
4 Statistisches Jahrbuch Frankfurt am Main 2012, S. 76.
5 IT-Cluster Rhein-Main-Neckar <http://de.wikipedia.org/wiki/IT-Cluster_Rhein-Main-Neckar> zuletzt aufgerufen am 04.10.2013.
6 Finanzplatz Frankfurt am Main <http://de.wikipedia.org/wiki/Finanzplatz_Frankfurt_am_Main> zuletzt aufgerufen am 04.10.2013.
7 FUNDAMENTE Kursthemen Industrie und Dienstleistungen, S. 128-133.
8 Global City <http://de.wikipedia.org/wiki/Global_City> zuletzt aufgerufen am 04.10.2013.

oder London spielen.

Außerdem hat Frankfurt mit der *Frankfurter Wertpapierbörse* den zweitgrößten Aktienmarkt Europas.[9] Ähnlich wie die drei großen Ratingagenturen (*Standard & Poors*, *Moody's* und *Fitch Ratings*) beobachten auch ansässige Aufsichtsorgane von Frankfurt aus die Finanzmärkte Deutschlands. Diese Aufgabe wird ab 2014 die EZB übernehmen, die zurzeit ein neues Hochhaus baut.

Weitere umsatzstarke Arbeitgeber sind in der Bau- und Immobilienwirtschaft, sowie der Automobilherstellung zu finden. Aber auch in der Chemie und Pharmaindustrie.

Von der Agglomeration können die Unternehmen nicht nur innerhalb einer Branche durch Cluster profitieren. Eine Bank kann sich beispielsweise von einem IT-Spezialisten beraten lassen. Hier wird ein weiterer Standortvorteil Frankfurts deutlich, der eng mit der Agglomeration verstrickt ist: beschaffungsorientierte Faktoren. Nicht nur Dienstleistungen sind in Frankfurt leicht beziehbar, sondern auch Spezialisten als potentielle Arbeitnehmer. So können über Einrichtungen wie die Goethe Universität oder die European Business School hochqualifizierte Arbeitskräfte neu rekrutiert werden oder Experten von Konkurrenten abgeworben werden.

Nicht unerwähnt sollte die Kundennähe und die Zahl der Nachfrager bleiben, auch wenn dieser Faktor für Unternehmensorientierte Dienstleister weniger entscheidend ist als für konsumorientierte Dienstleister. Die Kundennähe ist in der globalen Welt der unternehmens-orientierten Dienstleistungen gesondert zu betrachten, was das Interview mit einem Londoner Banker verdeutlicht: „Beruflich veranlasst, bin ich alle zwei bis drei Wochen in Deutschland, meist in Frankfurt. Aber das ist dann auch ein richtiger Business Trip. Ich setze mich dann morgens ins Flugzeug und frühstücke und bin dann abends wieder hier. Bleibe dann nicht zu oft über Nacht, oder versuche, dass ich dann mehrere Termine habe." [10]

„Persönliche Nähe lässt sich in einer globalisierten Welt immer einfacher temporär herstellen."[11] Deswegen ist die *Kundennähe* von der Verkehrsanbindung abhängig, womit wir bei einem weiteren, vielleicht Frankfurts größtem Vorteil wären. Frankfurt ist Deutschlands wichtigster Verkehrsknotenpunkt, einerseits im Bezug auf den Datenverkehr als auch beim Personenverkehr.

Verkehr

„Parallel zur Entwicklung im Bankensektor wurde Frankfurt zur Verkehrsdrehscheibe von internationaler Bedeutung."[12]

---

9   Destinationsführer Frankfurt <http://www.bcdtravel.de/go/id/cjsm/> zuletzt aufgerufen am 04.10.2013.
10 Global Cities: Chancen und Herausforderungen einer Vernetzten Ökonomie, Prof. Dr. C. Berndt
    <http://www.vdwsuedwest.de/fileadmin/www.vdw-sw.de/downloads/IHK-Berndt.pdf> zuletzt aufgerufen
    am 04.10.2013.
11 Ebd.
12 FUNDAMENTE Kursthemen Industrie und Dienstleistungen, S.128 – 133.

Mit 57,5 Millionen Passagieren (2012) ist der *Frankfurt Airport* der drittgrößte Passagierflughafen und gleichzeitig der größte Frachtflughafen in Europa.[13] Von hier aus fliegen mehr als 110 Fluggesellschaften über 300 Ziele weltweit an. Desweiteren ist der Frankfurter Hauptbahnhof mit ca. 350.000 täglichen Nutzern einer der größten Deutschlands und die wichtigste Verkehrsdrehscheibe für die Deutsche Bahn AG.[14] Frankfurt hat Anbindung an verschiedene Hochgeschwindigkeitszugnetze. Paris etwa ist so in gut drei Stunden per Zug erreichbar. Nicht zuletzt das mit 320.000 Fahrzeugen pro Tag befahrene, größte Autobahnkreuz Deutschlands[15] und der bedeutende Binnenhafen machen Frankfurt zum Verkehrsknoten schlechthin.

Ein gutes öffentliches Nahverkehrsnetz macht die Frankfurter Weltanbindung vollkommen. Der öffentliche Nahverkehr umfasst: S-Bahn, U-Bahn, Straßenbahn und Busse. Frankfurt ist durch die zentrale Lage in Europa laut Statistik[16] führend, was die interkontinentale Erreichbarkeit angeht. Ebenso unschlagbar ist die Metropole, was den interurbanen Personentransport angeht. In Frankfurt ist das Verkehren innerhalb der Stadt schnell und unkompliziert möglich. Nicht nur aufgrund des guten Verkehrssystem sondern vor allem aufgrund der überschaubaren Größe. Beim *Konkurrenten* London etwa verstopft die veraltete U-Bahn in der täglichen Rushhour. In Paris nimmt die Fahrt mit öffentlichen Verkehrsmitteln vom Flughafen Charles de Gaulle ins Zentrum über 40 Minuten in Anspruch – dreimal so lang wie vom Frankfurter Flughafen in die City.

Weiche Standortfaktoren

Neben den genannten harten Faktoren können auch *weiche Vorteile* bei der Standortwahl Frankfurt ausschlaggebend sein.

Die bereits beschriebene hervorragende Infrastruktur und andere Einflüsse erzeugen eine exklusive Umfeldqualität.

Einer dieser Faktoren ist die meistfrequentierte und umsatzstärkste Einkaufsstraße Deutschlands, mit bis zu 13.120 Passanten pro Stunde (2012)[17], die das umfangreiche Einzelhandelsangebot des Oberzentrums widerspiegelt, *Die Zeil*. „Während die auf der Zeil ansässigen Geschäfte in der günstigen bis mittleren Preiskategorie liegen, ist die nahe gelegene Goethestraße für ihre Luxusmarken bekannt."[18] Neben den Einkaufsstraßen gibt es zahlreiche Einkaufszentren, wie die *MyZeil* Galerie, in und um Frankfurt.

---

13 Flughafen Frankfurt am Main <http://frankfurt-interaktiv.de/frankfurt/wirtschaft/airport/flughafen.html> zuletzt aufgerufen am 04.10.2013.
14 Frankfurt (Main) Hauptbahnhof <http://de.wikipedia.org/wiki/Frankfurt_(Main)_Hauptbahnhof> zuletzt aufgerufen am 04.10.2013.
15 Frankfurter Kreuz <http://en.wikipedia.org/wiki/Frankfurter_Kreuz> zuletzt aufgerufen am 04.10.2013.
16 Interkontinentale Erreichbarkeit 2003, Blöchliger et al. 2004, S. 36
      <http://www.vdwsuedwest.de/fileadmin/www.vdw-sw.de/downloads/IHK-Berndt.pdf> zuletzt aufgerufen am 04.10.2013.
17 Einkaufsstraße <http://de.wikipedia.org/wiki/Einkaufsstraße> zuletzt aufgerufen am 04.10.2013.
18 Frankfurt am Main <http://de.wikipedia.org/wiki/Frankfurt_am_Main> zuletzt aufgerufen am 04.10.2013.

Diverse Parks im Stadtgebiet (siehe Abb. 4), der Palmengarten, der Frankfurter Zoo und ein natürliches Umland mit Wäldern und Seen stellen die Erholungsflächen dar und ergänzen das vielfältige Angebot an Sportstätten. Durch Frischluftschneisen und Projekte wie die Umweltzone wird die Umweltbelastung gering gehalten. Einzig der Fluglärm sorgt in manchen Gebieten für Ärger. Hervorzuheben ist die hervorragende, weltweit geschätzte medizinische Versorgung der Region. Außerdem lockt die Kulturmetropole mit Theater, Oper, Musicals und vielen Museen, was das vielfältige Freizeitangebot komplettiert.

Ebenfalls interessant ist Frankfurt als Europas größter Messeplatz. 2009 besuchten 2,2 Mio. Menschen 38.500 Aussteller, die sich unter anderem auf der größten Buchmesse der Welt oder der *Internationalen Automobil Ausstellung* präsentierten.

Frankfurt ist durch diese Situation nicht nur für Touristen und Besucher attraktiv. Das Rhein-Main-Gebiet ist hierdurch und durch die stabile Wirtschaftssituation auch für hochqualifizierte Arbeitskräfte ein ausgezeichneter Wohnort. Außerdem erfreuen sich Geschäftskunden und Investoren an den Strukturen und dem Image vom zukunftsorientierten „Bankfurt"[19].

Frankfurt in 30 Jahren

Während die Zukunft der in Frankfurt traditionell starken Branchen, wie Finanz-, IT- oder Transportsektor durch die zunehmende Globalisierung und Tertiärisierung gesichert ist, muss der Unternehmensstandort Frankfurt gegenüber *Mitspielern* im transnationalen Städtenetzwerk gezielt gefördert werden, um attraktiv zu bleiben.

2009 hat der Architekt Albert Speer dafür, im Namen der Stadt das langfristige Konzept *Frankfurt für Alle* vorgestellt, mit Leitlinien zur Stadtentwicklung. Zentrales Ziel[20] ist es Frankfurt als Wohnstandort zu stärken, um dem steigenden Wohnraumbedarf, durch Bevölkerungswachstum und strukturelle Veränderungen gerecht zu werden. Wie der Name des Modellprojekts andeutet soll ein friedliches Miteinander der 180 vertretenen Nationen, sowie faire soziale Strukturen, etwa durch Bildungsgleichheit gefördert werden. Um die starke Wirtschaft weiter auszubauen soll gleichzeitig die kreative Elite der Wissensgesellschaft und ein erfolgreicher Mittelstand angelockt werden.

Grundlegend ist dabei, dass das Image vom „kühlen Finanzplatz"[21] verbessert wird und Frankfurt als traditionsreiche, lebendigen Bürgerstadt wahrgenommen wird. Wichtig zum Erreichen der Ziele ist die Förderung exzellenter Wissenschafts- und Kultureinrichtungen. Versteckte Potentiale, wie der intensive Naturbezug sollen außerdem hervorgehoben werden. Ein Projekt, das auf die Attraktivitätssteigerung der bürgerlichen City abzielt ist bereits im

19 Frankfurts Image <http://www.faz.net/aktuell/rhein-main/wirtschaft/frankfurts-image-nicht-so-hip-wie-berlin-nicht-so-schoen-wie-hamburg-1979455.html> zuletzt aufgerufen am 04.10.2013.
20 Wohnstadt Frankfurt am Main <http://www.stadtplanungsamt-frankfurt.de/show.php?ID=11209&psid=9> zuletzt aufgerufen am 04.10.2013.
21 Vorwort <http://www.frankfurt-fuer-alle.de/> zuletzt aufgerufen am 04.10.2013.

Gange. Im Herzen Frankfurts soll ein „kleiner Teil der im Zweiten Weltkrieg zerbombten Altstadt [rekonstruiert werden]"[22].

Im Sommer nächsten Jahres wird voraussichtlich mit den Bauarbeiten begonnen. Bis Ende 2016 sollen 35 Häuser mit rund 60 Wohnungen entstehen. „Im Erdgeschoss [wird] Platz für etwa 20 Läden und Lokale [sein] – überregionale Ketten hat die Stadt ausgeschlossen."[23]

Schlussbetrachtung

Es hat sich gezeigt, dass die wachsende Metropolregion in der Mitte Europas, mit der Global City Frankfurt im Herzen für unterschiedlichste Branchen ein erstklassiger Standort ist. Die einzigartige Erreichbarkeit über den internationalen Flughafen spielt dabei die wichtigste Rolle. Auch die Verfügbarkeit hochqualifizierter Arbeitskräfte aus dem Mittelstand ist ein wichtiger Faktor um als Region für wissensintensive Unternehmen, etwa aus dem Finanzsektor attraktiv zu sein.

Damit die Global City die Weltanbindung halten kann muss ständiger Fortschritt durch gezielte Förderung und Projekte sichergestellt werden. Im Mittelpunkt des Entwicklungsplans steht dabei die Stärkung Frankfurts als Wohnstandort.

---

22 DIE WELT KOMPAKT Frankfurt 26.09.2013, Artikel: Altstadt nimmt Gestalt an.
23 Ebd.

Bibliographie/Quellenangaben

Literaturverzeichnis

- 978-3-623-29260-1 FUNDAMENTE Geographie Oberstufe, Schülerbuch, S. 216 – 217, Ernst Klett Verlag GmbH, Stuttgart 2008.
- 978-3-623-29430-8 FUNDAMENTE Kursthemen Industrie und Dienstleistungen, Schülerbuch, Oberstufe, S. 128 – 133, Ernst Klett Verlag GmbH, Stuttgart 2008.
- DIE WELT KOMPAKT Frankfurt 26.09.2013, Artikel: Altstadt nimmt Gestalt an, Axel Springer AG, 2013.
- Statistisches Jahrbuch Frankfurt am Main 2012, Stadt Frankfurt am Main – Der Magistrat – Bürgeramt, Statistik und Wahlen, Frankfurt am Main 2012 S. 76.

Internetquellen

- Destinationsführer Frankfurt <http://www.bcdtravel.de/go/id/cjsm/> zuletzt aufgerufen am 04.10.2013.
- Einkaufsstraße <http://de.wikipedia.org/wiki/Einkaufsstraße> zuletzt aufgerufen am 04.10.2013.
- Finanzplatz Frankfurt am Main <http://de.wikipedia.org/wiki/Finanzplatz_Frankfurt_am_Main> zuletzt aufgerufen am 04.10.2013.
- Flughafen Frankfurt am Main <http://frankfurt-interaktiv.de/frankfurt/wirtschaft/airport/flughafen.html> zuletzt aufgerufen am 04.10.2013.
- Frankfurt (Main) Hauptbahnhof <http://de.wikipedia.org/wiki/Frankfurt_(Main)_Hauptbahnhof> zuletzt aufgerufen am 04.10.2013.
- Frankfurt am Main <http://de.wikipedia.org/wiki/Frankfurt_am_Main> zuletzt aufgerufen am 04.10.2013.
- Frankfurt.de Arbeit und Beruf <http://www.frankfurt.de/sixcms/detail.php?id=5643> zuletzt aufgerufen am 04.10.2013.
- Frankfurt.de Wirtschaft <http://www.frankfurt.de/sixcms/detail.php?id=4615> zuletzt aufgerufen am 04.10.2013.
- Frankfurter Kreuz <http://en.wikipedia.org/wiki/Frankfurter_Kreuz> zuletzt aufgerufen am 04.10.2013.
- Frankfurts Image <http://www.faz.net/aktuell/rhein-main/wirtschaft/frankfurts-image-nicht-so-hip-wie-berlin-nicht-so-schoen-wie-hamburg-1979455.html> zuletzt aufgerufen am 04.10.2013.
- Global Cities: Chancen und Herausforderungen einer Vernetzten Ökonomie, Prof. Dr. C. Berndt <http://www.vdwsuedwest.de/fileadmin/www.vdw-sw.de/downloads/IHK-Berndt.pdf> zuletzt aufgerufen am 04.10.2013.
- Global City <http://de.wikipedia.org/wiki/Global_City zuletzt aufgerufen am 04.10.2013.
- Interkontinentale Erreichbarkeit 2003, Blöchliger et al. 2004, S. 36. <http://www.vdwsuedwest.de/fileadmin/www.vdw-sw.de/downloads/IHK-Berndt.pdf> zuletzt aufgerufen am 04.10.2013.
- IT-Cluster Rhein-Main-Neckar <http://de.wikipedia.org/wiki/IT-Cluster_Rhein-Main-Neckar> zuletzt aufgerufen am 04.10.2013.
- Vorwort <http://www.frankfurt-fuer-alle.de/> zuletzt aufgerufen am 04.10.2013.
- Wohnstadt Frankfurt am Main <http://www.stadtplanungsamt-frankfurt.de/show.php?ID=11209&psid=9> zuletzt aufgerufen am 04.10.2013.